Bibliografische Information der Deutschen Nationalbibliothek:

Die Deutsche Bibliothek verzeichnet diese Publikation in der Deutschen National-
bibliografie; detaillierte bibliografische Daten sind im Internet über http://dnb.d-
nb.de/ abrufbar.

Impressum:

Copyright © 2018 GRIN Verlag
Druck und Bindung: Books on Demand GmbH, Norderstedt Germany
ISBN: 9783668836570

Alexander Markus Rehm, Denis Gaebel, Tony Lakatos, Steffen Weber, Claudius Valk

Schallwellenanalyse des Sounds professioneller TenorsaxophonspielerInnen. Teil 4

Charakterisierung des vom Tenorsaxophonspieler generierten Rauschens (Spielerrauschen = SpR) im Frequenzbereich von 0-10.000Hz und Bedeutung des „SpR" für den Sound.

GRIN Verlag

Schallwellenanalyse des Sounds professioneller TenorsaxophonspielerInnen. Teil 4

Teil 4: Charakterisierung des vom Tenorsaxophonspieler generierten Rauschens (Spielerrauschen = SpR) im Frequenzbereich von 0-10.000Hz und Bedeutung des „SpR" für den Sound.

(Part 4: Characteristics of the noise generated by a tenor saxophone player in the frequency range of 0-10.000Hz (= player-noise) and the impact of the "player-noise" on the saxophone sound.

Autoren: Denis Gaebel, Tony Lakatos, Steffen Weber, Claudius Valk, Alexander Rehm

Zusammenfassung

Aufnahmen mit vier professionellen Tenorsaxophonspielern (D. Gaebel, T. Lakatos, C. Valk und S. Weber) von (i) Tönen unterschiedlicher Höhe, (ii) tiefen Tönen unterschiedlicher Charakteristika (Sub- und Kernton), wie auch von (iii) einem reinen Spielerrauschen (SpR) ohne Ton, wurden unter Verwendung der Software „Praat" entsprechend der von Rehm et al. beschriebenen Methoden (ISBN: 9783668712768 ISBN: 9783668777590) bearbeitet bzw. vermessen und analysiert. Dabei konnten auf Basis der von den Spielern generierten Rauschenspektren (SpR-Spektren) bei jedem Spieler insgesamt 14 SpR-Formanten identifiziert werden, die das SpR-Spektrum im Frequenzbereich von 0-10.000Hz maßgeblich ausmachen. Parallel zu den SpR-Formanten konnte für den Bereich von 0-17.000Hz ein „Basis-SpR" postuliert werden, welches eher unwillkürlich beim Spielen des Tenorsaxophons auftritt und im Bereich von 40-110Hz ein Intensitätsmaximum aufweist, um dann mit steigender Frequenz abzuklingen.

Auf Basis entsprechender Befunde wurde ein Modell vorgestellt, welches erklärt, wie Basis-SpR und Formanten-SpR das jeweilige SpR-Spektrum eines Tones bestimmen, der mit unterschiedlicher Soundvorstellung durch den Saxophonspieler generiert wird und bei dem sich demzufolge das SpR unterschiedlich darstellt.

Zusätzlich konnte bei zwei Saxophonspielern neben dem Basis-SpR und dem Formanten-SpR die Ausbildung eines Kuppel-SpR beim Spielen des tiefen-D im Subton beobachtet werden, wobei das Kuppel-SpR auch als spezifische Ausprägung des Formanten-SpR bei tiefen Tönen verstanden werden kann.

Bei allen professionellen Spielern dieser Studie wurde deutlich, dass der Anteil des SpR als Bestandteil des erzeugten Klangs und damit als Parameter des Sounds des Tenorsaxophonspiels mit steigender Frequenz des Grundtons abnimmt. Für dieses Phänomen zeigen sich individuelle Unterschiede zwischen den vier professionellen Spielern – dies kann wiederum als Ausprägungsfaktor für den „individuellen Sound" eines jeden Saxophonspielers verstanden werden.

Generell (i) spielt das SpR eine wichtige Rolle bei der Soundgenerierung beim Tenorsaxophonspiel und (ii) haben professionelle Tenorsaxophonspieler eine ausgeprägte Fähigkeit, ihr individuelles SpR zu generieren und zu kontrollieren und so aktiv zur Soundgestaltung einzusetzen.

Summary (English)

Recordings with 4 professional tenor sax players (D. Gaebel, T. Lakatos, S. Weber, C. Valk) of (i) sounds of different pitch, (ii) sounds of low pitch played with different characteristics (sub- and regular tone) and of (iii) a pure noise-sound without a tone-sound (=pure player-noise) have been analysed using the software „Praat" according to the methods published previously (ISBN: 9783668712768; ISBN: 9783668777590). The pure player-noise (no tone-sound) generated by the sax players could be interpreted as a sum of 14 formantbands (player-noise formants) which build the spectrum of the pure player-noise in the range of 0-10.000Hz. In parallel to the player-noise-formants a „base player-noise" could be detected which showed a maximum dB-value at 40-110Hz followed by a decline reaching a minimum dB-value at approx. 17.000Hz.

A model has been proposed which is able to explain how a combination of differently expressed „player-noise formants" plus the „base player-noise" will generate the overall player-noise which is typically associated with the tenor sax play.

In addition to the "player-noise formants" and the "base player-noise" 2 of the 4 sax players in this study generated a 3rd type of player-noise (= "dome player-noise") when playing certain subtones of low pitch. The "dome player-noise" can also be understood as a specific expression of the "player-noise formants".

The share of the overall tenor sax sound which can be attributed to the player-noise is decreasing with increasing pitch of the played tone (base-tone). This general phenomenon shows an individual characteristic for each player of this study which can be understood as a further parameter in defining the "individual sound" of a tenor sax player.

This study confirms that (i) the player-noise which is generated by playing the tenor sax has significant importance for the overall sound and (ii) professional tenor sax players have a high capability to modulate and control their "own player-noise" in order to influence their individual sound.

Einleitung

Das Spielen eines analogen Musikinstruments erzeugt, neben den vom Spieler angestrebten Zieltönen und deren Obertönen, die als harmonische Töne bzw. Klänge bezeichnet werden (9), auch ein „Spielerrauschen" = SpR. Das SpR kann, wie jedes andere akustische Rauschen, verstanden werden als die Überlagerung einer Vielzahl harmonischer Töne/Klänge unterschiedlicher Frequenzen und Amplituden. Die Ursache für ein Spielerrauschen liegt zunächst in der Mechanik des Spiels begründet, so z.B. durch die Bewegung des Bogens über eine Saite bei einem Streichinstrument oder durch Erzeugung eines Luftstroms durch ein Mundstück bei einem Blasinstrument. In beiden Fällen erzeugt der Spieler neben den harmonischen Zieltönen auch ein Spielerrauschen = SpR. Bei Anfängern überwiegt oftmals der SpR-Anteil gegenüber den harmonischen Zieltönen, bzw. das SpR tritt unwillkürlich bzw. ungewollt und unkontrolliert auf.

Im Hörerlebnis wird das SpR oftmals deutlich wahrgenommen und gilt, gerade bei professionellen Musikern, als wichtiges Ausdrucksmittel. Dies ist besonders bei Blasinstrumenten ausgeprägt und muss als wichtiges Stilmittel des Spielers verstanden werden, da bei diesen Instrumenten ein „besonders warmer und weicher Sound" oftmals mit deutlich hörbarem SpR einhergeht.

Es ist offensichtlich, dass gerade bei Blasinstrumenten der Spieler die Ausprägung des SpR modulieren kann; für das Tenorsaxophon konnte dies am Beispiel eines tiefen-D, jeweils gespielt im Sub- oder Kernton, für den Frequenzbereich von 0-10.000Hz kürzlich gezeigt werden (1). Rehm et al. konnten ebenfalls zeigen, dass beim Tenorsaxophon das SpR eine Abhängigkeit von der Frequenz (0-10.000Hz) aufweist und nicht einem weißen Rauschen entspricht, sondern generell eine Abnahme des Schalldrucks des SpR mit zunehmender Frequenz zu beobachten ist und damit eher einem farbigen Rauschen ähnelt (1; 2).

In dieser Studie wird der Versuch unternommen auf Basis der Aufnahmen von vier professionellen Tenorsaxophonspielern die generelle Charakteristik des Spielerrauschens beim Tenorsaxophon zu beschreiben, individuelle Unterschiede im SpR der jeweiligen Spieler darzustellen und eine Idee zu entwickeln, wie die Tenorsaxophonspieler das SpR zur Erzielung eines gewünschten Sounds einsetzen.

Material & Methoden

Die Aufnahmen von Tönen bzw. Rauschen, entsprechend eines für die Studie entwickelten Spielplans unter Einsatz des Tenorsaxophons, von vier professionellen Tenorsaxophonisten (D. Gaebel, T. Lakatos, C. Valk, S. Weber), deren Bearbeitung und Analyse in dem Softwareprogramm „Praat" und die Erstellung von frequenzabhängigen Intensitätsspektren der Aufnahmen sowie der Prozess der Datenauswertung, Übertragung in Excel und der weiteren Analyse erfolgten wie bereits beschrieben (1, 2). Die Tenorsaxophonisten nutzen dabei jeweils „ihr persönliches Setup an Saxophon, Mundstück und Reed", welches für alle Aufnahmen des Spielplans dieser Studie Verwendung fand.

Um frequenzabhängige Intensitätsspektren oder daraus abgeleitete frequenzabhängige Formantenspektren miteinander in Beziehung setzen oder mathematischen Prozessschritten (Glättung, Differenzbildung oder Division) unterziehen zu können, wurden übliche mathematische „Interpolations- und Glättungsverfahren" verwendet.

Ergebnisse - Teil1: Spielerrauschen (SpR) ohne Tonerzeugung

(Abbildungen siehe „Katalog der Abbildungen")

Im Rahmen des Spielplans dieser Studie wurden die Saxophonspieler gebeten, jeweils ein tiefes-D, tiefes-E und ein tiefes-Fis zu greifen und dabei ein „maximales Rauschen ohne Ton" zu erzeugen. Beispielhafte frequenzabhängige Intensitätsspektren dieser Aufnahmen (SpR-Spektren) für den Frequenzbereich von 0-10.000Hz, ermittelt unter Nutzung der Software „Praat", sind in den Abbildungen 1a und 1b für zwei Spieler dargestellt.

Bei der Vermessung der frequenzabhängigen Intensitätsspektren von Tönen, die von den Tenorsaxophonspielern erzeugt wurden mit der Vorgabe, ein „Maximales Rauschen ohne Ton" zu erzeugen, konnten schwache Signale des jeweiligen Grundtons und teilweise von zwei weiteren Obertönen identifiziert werden. Dabei lagen die Intensitäten des Grundtons je nach Spieler zwischen 7 und 20dB, die identifizierbaren Signale des 1. oder 2.Obertons (wenn diese überhaupt messbar waren) fielen dagegen geringer aus (data not shown).

Zur Ermittlung eines db-Werts für das SpR bei einer definierten Frequenz muss das Rauschen des Messsignals (Signalrauschen) berücksichtigt werden bzw. ist es notwendig, die Schwankung, welche vom Signalrauschen herrührt, soweit zu bestimmen, dass der jeweilige dB-Wert des „Spielerrauschens" (SpR) mit möglichst geringem Fehler präzise ermittelt werden kann. Das „Signalrauschen" ist eine statistische Abweichung vom Mittelwert, die einer Gaußverteilung gleicht. In Abbildung 2 ist ein vermessenes Intensitätsspektrum abgebildet mit Messpunkten im Abstand von 1Hz. Deutlich erkennbar ist die Schwankung des Messsignals um den Mittelwert (hier 22,3dB) – dabei ergab sich für die Häufigkeit des Abweichungsbereichs vom Mittelwert eine Verteilung ähnlich einer

Gaußverteilung, wie dies für ein Signalrauschen zu erwarten war. Wurden Mittelwerte aus 5, 10 oder 20 benachbarten Messwerten (= Frequenzspanne von 5, 10 oder 20Hz) gebildet, so zeigten diese Mittelwerte maximale Abweichungen vom Mittelwert des Gesamtbereiches in der Größenordnung von 4,1Hz; 2,3Hz bzw. 1,5Hz. Zur Bestimmung des dB-Werts des SpR bei einer bestimmten Frequenz wurden in dieser Studie an jeweils 21 Messpunkte mit einem Abstand von je 1Hz die dB-Werte erhoben und der dB-Mittelwert aus diesen Messungen wurde der mittleren Frequenz der Messreihe zugeordnet. Mit dieser Methode konnte der maximale Messfehler zur Bestimmung eines dB-Werts des SpR bei einer definierten Frequenz auf <2Hz reduziert werden.

Nach oben beschriebener Methode vermessene frequenzabhängige Intensitätsspektren des Spielerrauschens ohne Ton (SpR-Spektren) mit gegriffenem tief-D, tief-E und tief-Fis (Abb. 1a und 1b) sind in den Abbildungen 3a und 3b beispielhaft für zwei Spieler dieser Studie dargestellt. In den dargestellten Fällen (C. Valk; S. Weber), wie auch bei zwei weiteren Spielern dieser Studie (T. Lakatos, D. Gaebel – data not shown) wurde deutlich, dass die ermittelten frequenzabhängigen Spektren des SpR von Spieler zu Spieler deutliche Unterschiede aufwiesen, jedoch die SpR-Spektren eines Spielers, trotz unterschiedlich gegriffener Noten (hier tief-D, tief-E, tief-Fis), in hohem Maße übereinstimmten.

Weitere Analysen der vermessenen frequenzabhängigen Spektren des reinen Spielerrauchens („SpR") ohne Ton wurden unter folgenden Annahmen durchgeführt:

1) Der Generierungsort des SpR und damit auch des „SpR ohne Ton" ist der Bereich der Engstelle zwischen Reed und Mundstück und ist somit identisch mit dem Entstehungsort eines harmonischen Tons beim Tenorsaxophonspiel. (4)

2) Das SpR wird als Überlagerung verschiedener harmonischer Schwingungen unterschiedlicher Frequenz und Amplitude verstanden (siehe auch Einleitung).

3) In den vermessenen frequenzabhängigen Intensitätsspektren des SpR ohne Ton wurde der Messfehler (Ursache: Signalrauschen) durch Mittelwertbildung einer Messwertgruppe auf <2Hz reduziert (siehe oben).

4) Bei der Erzeugung des SpR ohne Ton fungiert, wie beim Erzeugen von harmonischen Tönen, der Mund-Rachenraum des Spielers zusammen mit der Hardware (Mundstück, S-Bogen, Saxophonkorpus) als Resonanzraum. (3; 8)

Mit obigen Annahmen kann, ähnlich wie bei der Erzeugung von Tönen, davon ausgegangen werden, dass die verschiedenen Schwingungen unterschiedlicher Frequenz und Amplitude, die das SpR ausmachen, ebenfalls durch Formanten in ihrer Intensitätsausprägung verstärkt oder minimiert werden. D.h. die frequenzabhängigen reinen Rauschenspektren können vereinfacht als Überlagerung von verschiedenen Rauschenformanten (SpR-Formanten) verstanden werden und somit können diese auch einer Simulationsanalyse unterzogen werden, wie diese bereits für frequenzabhängige Intensitätsspektren von Tönen beschrieben wurde (2; 5).

Ergebnisse der Simulationsanalysen für die reinen SpR-Spektren ohne Ton der vier Tenorsaxophonspieler bei gegriffenem tief-D sind in den Abbildungen 4a bisd dargestellt. Mit der Annahme von 14 distinkten Formantenbändern im Frequenzbereich von 100-10.000Hz konnte eine Präzision der Simulation der SpR-Spektren von 96-98% erreicht werden. Bei weniger als 14 angenommen Formantenbändern wurde die Präzision der Simulation deutlich reduziert, wohingegen eine höhere Zahl an Formantenbändern zu keinen oder zu nur noch geringen Steigerungen der Simulationspräzision führte.

Die Peaks (Resonanzmaxima) der simulierten Formantenbänder sowie deren relative Intensität, bestimmt aus dem Verhältnis des Integrals eines Formantenbandes und der Summe der Integrale aller simulierten Formantenbänder, sind für alle vier Spieler in Abbildung 5 graphisch dargestellt.

Die frequenzabhängigen SpR-Spektren der vier Spieler lassen im Bereich von 100-10.000Hz deutliche Unterschiede erkennen und somit war zu erwarten, dass auch die Simulationen zur Bestimmung der Formantenbänder für jeden Spieler ein anderes Ergebnis ergeben (siehe Abb. 5), auch wenn sich bei allen Spielern mit der gleichen Anzahl an angenommen Formantenbändern (14 Formantenbänder im Bereich von 100-10.000Hz) die höchste Simulationspräzision erzielen ließ.

Bei den frequenzabhängigen SpR-Spektren war bei allen vier Spielern im Bereich von 100-300Hz eine Schulter zu erkennen, die nicht mit einem Formantenband simuliert werden konnte. Im Bereich von 20-110Hz war bei allen Rauschenspektren ein konstanter dB-Wert zu beobachten. Dieses dB-Niveau des Plateaus entspricht in den SpR-Spektren (Abb. 4a-d) dem ersten Datenpunkt bei 100Hz. Ebenfalls zeigten die SpR-Spektren aller Spieler das Phänomen, dass ab 15.000-17.000Hz das Rauschen den niedrigsten messbaren Wert annahm, der bis 20.000Hz nahezu konstant blieb.

Diese Befunde legen nahe, dass das SpR-Spektrum nicht nur aus 14 Formantenbändern zusammengesetzt ist, sondern ein „Basis-Spielerrauschen" existiert, welches bei 20-110Hz einen maximalen dB-Wert annimmt, der mit zunehmender Frequenz abnimmt, bis er im Bereich von 15.000-17.000Hz einen konstant niedrigen Wert annimmt. Ein solches „Basis-SpR" könnte entweder linear mit steigender Frequenz abnehmen oder eher einer nicht-linearen Abklingfunktion entsprechen. Ein angenommenes Basis-SpR in Form einer nicht-linearen Abklingfunktion würde wohl zu einem anderen Ergebnis der Simulation der SpR-Spektren führen, jedoch würde ein linear abfallendes Basis-SpR einen stärkeren Effekt diesbezüglich haben. Um das Ausmaß eines solchen möglichen Effekts auf die Simulationsergebnisse zu bestimmen, wurde für alle Rauschenspektren ein linear abfallendes Basis-SpR definiert mit folgenden Parametern: (i) dB-Wert bei 0Hz entspricht dem dB-Wert des Plateaus bei 20-110Hz und (ii) db-Wert bei 15.000Hz entspricht dem niedrigsten gemessenen dB-Wert und bleibt bis 20.000Hz konstant. Beispielhaft ist in Abbildung 6a das SpR-Spektrum eines Spielers (mit gegriffenem tief-D) dargestellt, welches um das „lineare Basis-SpR" korrigiert und dann der Simulation unterzogen wurde. Die Simulation dieses „um das angenommene lineare Basis-SpR bereinigten SpR-Spektrums" (=Formanten-SpR) ergab mit 14 Formantenbändern eine Präzision von >99%. Auch die Simulation des SpR-Spektrums ohne Ton aus Basis-SpR und Formanten-SpR (Abbildung 6b) ergab eine Präzision von >99%.

In Tabelle 1 sind für den Spieler T. Lakatos die Peakpositionen (Hz) und die relativen Intensitäten (%) der 14 simulierten Formantenbänder des Rauschenspektrums mit gegriffenem tief-D aus den Abbildungen 4c (SpR-Spektrum) und 6a (SpR-Spektrum bereinigt um lineares Basis-SpR = Formanten-SpR) zusammengefasst. Es wurde deutlich, dass simulierte Formantenbänder beider Spektren identische Peaks haben und die relativen Intensitäten der Formantenbänder sich nur geringfügig veränderten und zwar in der erwarteten Weise. Effekte der gleichen Art und Größenordnung konnten bei allen Spielern beobachtet werden, wenn die SpR-Spektren um ein lineares Basis-SpR der oben definierten Art bereinigt wurden (data not shown).

Ergebnisse – Teil 2: Spielerrauschen (SpR) parallel zur Tonerzeugung

Die Generierung eines Spielerrauschens (SpR) durch professionelle Tenorsaxophonspieler wird besonders bei den tiefen Subtönen hörbar und ist damit ein gezielt eingesetztes Ausdrucksmittel. Ein vermessenes frequenzabhängiges Intensitätsspektrum eines Subtons (tief-D) mit der Darstellung des maximalen dB-Signals bei den Frequenzen des Grundtons und der Obertöne, den dB-Werten für das Spielerrauschen (SpR) bei diesen Frequenzen sowie den dB-Werten der Tonsignale ohne SpR-Anteil (1) ist in Abbildung 7 dargestellt. Bei der Frequenz des Grundtons rekrutierte sich der maximale dB-Wert zu über 40% aus dem SpR; schon beim 3. Oberton (Frequenz 521Hz) machte das SpR fast 50% des dB-Wertes aus und bei Frequenzen >1.500Hz betrug der Anteil des SpR am entsprechenden dB-Wert über 50%. Das SpR machte bei allen vier Tenorsaxophonspielern in dieser Studie einen großen Anteil des Klangs bei der gezielten Generierung eines Subtons aus und hatte somit auch bestimmenden Charakter für den erzielten Sound (data not shown). Auch konnte bei allen vier Spielern beobachtet werden, dass das SpR bei einem Kernton im Frequenzbereich von 100-10.000Hz im Mittel deutlich geringere dB-Werte zeigte als bei dem Subton des gleichen Zieltons- dies ist beispielhaft in Abbildung 8 dargestellt. Die linearen Regressionsgeraden des SpR bei Kern- und Subton (in der Abbildung) machten deutlich, dass das SpR bei erzeugtem Kernton mit steigender Frequenz deutlich schneller abnimmt als das SpR beim Subton – dies war bei allen Spielern dieser Studie gleichermaßen zu beobachten (data not shown).

Bei zwei Spielern dieser Studie (T. Lakatos und C. Valk) war bei dem SpR des Subtons des tiefen-D, das schon von Rehm et al. beschriebene „Kuppelrauschen" (1) mit einem Maximum im Bereich von 3.000Hz zu beobachten (Abbildungen 9a-b). Auch in den Differenzenspektren des SpR des Subtons bei tief-D und des entsprechenden SpR des Kerntons beider Spieler (Abbildungen 10a-b) wurde deutlich, dass einem SpR-Minimum im Bereich von 1.000Hz einem SpR-Maximum bei ca. 3.000Hz gegenüberstand.

Ähnliche Spektren wie die Differenzenspektren in Abbildung 10a bis b wurden erhalten, wenn die reinen SpR-Spektren ohne Ton mit gegriffenem tief-D (Abbildung 4c-d) und die SpR-Spektren des tief-D Subtons (Abbildung 9a-b) auf eine gleiche Signalintensität (dB-Werte) im Bereich von 7.000-10.000Hz normiert und die entsprechenden Differenzenspektren („SpR-Subton" – „SpR ohne Ton") ermittelt wurden (Abbildungen 11a-b).

Generell konnte bei jedem gespielten Ton im Rahmen dieser Studie ein den Grundton und die Obertöne begleitendes SpR gemessen werden. Dabei war die generelle Tendenz zu beobachten, dass die Intensität des SpR mit steigender Frequenz abnahm. Ausnahmen hiervon stellten nur die SpR-Spektren der Subtöne bei einzelnen Spielern dar (siehe oben). Das Verhältnis der Intensität (dB-Wert) des Grundtons bzw. der Obertöne ohne anteiliges SpR zur SpR-Intensität (dB) bei der jeweiligen Frequenz des Tons, ist für verschiedene Zieltöne und für die Spieler dieser Studie in den Abbildungen 12a bis d für den Frequenzbereich von 0-5.000Hz dargestellt. Bei allen vier Spielern nahm das Verhältnis von „Ton-Intensität ohne SpR vs. SpR-Intensität" bei dem tief-D Subton im Frequenzbereich von 1.500-5.000Hz die für den jeweiligen Spieler geringsten Werte aller Töne an. Hingegen nahm dieses Verhältnis für den höchsten Ton (Oktav-A) in dem Frequenzbereich von 1.500-5.000Hz für den jeweiligen Spieler den höchsten Wert an. Die Verhältniswerte von „Ton-Intensität ohne SpR vs. SpR-Intensität" für die Töne tief-D Kernton und Oktav-D lagen in dem Frequenzbereich von 1.500-5.000Hz jeweils zwischen den 2 Extremen, wobei sich bei drei der vier Spieler zeigte, dass die Verhältniswerte für das Oktav-D in diesem Bereich höher lagen als die Verhältniswerte für das tief-D gespielt im Kernton (siehe Abbildungen 12b-d). Bei zwei Spielern war zu beobachten, dass der Verhältniswert beim tief-D Subton schon ab 1.000Hz bzw. 1.500Hz einen Wert <1 annahm (Abbildungen 12b und 12c) und zu höheren Frequenz weiter deutlich abnahm – d.h. hier überwog die SpR-Intensität deutlich gegenüber der SpR-freien Intensität des entsprechenden Obertons.

Interpretation der Ergebnisse

Bei der Nutzung von traditionellen Musikinstrumenten ohne elektronische Verstärkungen (analoge Musikinstrumente wie z.B. Geige oder Tenorsaxophon zur Erzeugung von Musik), wie auch bei analogen elektronischen Systemen zur Klangerzeugung wird neben dem erzeugten Zielton, der als Summe von Grundton und Obertönen im frequenzabhängigen Intensitätsspektrum darstellbar ist, auch ein Rauschen erzeugt (1, 5, 6). Betrachtet man große Zeitskalen, so ist sogar „komponierte Musik" als Rauschen definierbar – wobei dieses als farbiges Rauschen (1/f-Rauschen) interpretiert wird, während eine willkürliche bzw. rein zufällige Tonfolge als weißes Rauschen verstanden werden kann (7). Bei elektronischen analogen Systemen zur Klangerzeugung kann das Rauschen als weißes oder farbiges Rauschen (blau, rot, rosa) moduliert werden (6), während es in Bezug auf Musikinstrumente ohne elektronische Verstärkung nur wenige Daten gibt, welche Form das erzeugte Rauschen annimmt bzw. ob unterschiedliche Rauschenarten erzeugt werden können. Erste Hinweise, dass es sich bei dem durch einen Tenorsaxophonspieler erzeugten Rauschen (SpR) im Frequenzbereich von 0-10.000Hz nicht um ein weißes Rauschen handelt, finden sich bei Rehm et al. (1; 2). Die reinen SpR-Spektren ohne Ton (siehe Abbildungen 1; 3 und 4) der Tenorsaxophonspieler dieser Studie lassen sich aufgrund ihres Intensitätsabfalls bei steigender Frequenz ebenfalls nicht als weißes Rauschen deuten. Allerdings ist der eher lineare Intensitätsabfall mit steigender Frequenz auch nicht typisch für ein farbiges Rauschen (Anmerkung: Farbiges Rauschen = $1/f$ oder $1/f^2$ Rauschen).

Die einer Normalverteilung ähnelnde Schwankung des messbaren Rauschensignals um einen Mittelwert (siehe Abbildung 2), muss als Beleg dafür gewertet werden, dass es sich bei diesem dB-Signal um ein echtes Rauschensignal und nicht um ein Artefakt handelt. Eine Mittelwertbildung von 21 Messpunkten in einem Frequenzbereich von 21Hz (Messpunktabstand = 1Hz) ergab eine hohe Präzision für die Bestimmung der SpR-Intensität (dB) am mittleren Frequenzwert der Messreihe (siehe Ergebnisse).

Das parallel zur Tonerzeugung generierte SpR und die entsprechend bestimmten SpR-Spektren (siehe Abbildungen 7, 8, 9) zeigten ebenfalls nicht die typischen Charakteristika für ein weißes oder farbiges Rauschen. Es war entweder ein eher linearer Abfall des SpR mit steigender Frequenz zu beobachten oder aber beim tief-D Subton ein temporärer Anstieg von 1.000-3.000Hz, gefolgt von einer kontinuierlichen Abnahme bei steigender Frequenz (siehe Abbildungen 9) – ähnlich wie schon von Rehm et al. beschrieben (1).

Die SpR-Spektren bei erzeugtem Rauschen ohne Ton zeigen, dass es Frequenzbereiche gibt mit einer stärkeren bzw. schwächeren SpR-Intensität; lassen aber auch für jeden der vier Tenorsaxophonspieler eine „Spieler-typische individuelle Charakteristik" erkennen. In dieser Beziehung ähneln die SpR-Spektren durchaus frequenzabhängigen Intensitätsspektren von Tenorsaxophonspielern (1; 2; 3; 5) sowie den Intensitätsspektren gespielter Töne der vier Tenorsaxophonspieler dieser Studie (Abbildung 7 und data not shown). Damit liegt die Vermutung nahe, dass für die Intensität des SpR ohne parallele Tonerzeugung ebenfalls Formanten (1, 2, 3, 5) eine wichtige Rolle spielen. Insofern war es sinnhaft und folgerichtig, dass die SpR-Spektren ohne Ton der gleichen Simulationsprozedur zur Bestimmung einzelner Formantenbänder unterzogen werden konnten, wie dies für Formantenspektren des Tenorsaxophons bereits beschrieben wurde (2). Bei allen vier Tenorsaxophonspielern konnten mit der Annahme von 14 Formantenbändern im Frequenzbereich von 0-10.000Hz Simulationen mit hoher Präzision (96-98% - siehe Ergebnisse) erzielt werden. Bei früheren Untersuchungen konnte mit 13 Formantenbändern im Frequenzbereich von 0-9.000Hz eine hohe Simulationspräzision für Formantenspektren des Tenorsaxophonspiels erreicht werden (2). Simulationen von Formantenspektren gespielter Töne der vier in dieser Studie involvierten Tenorsaxophonspieler weisen ebenfalls auf bis zu 14 Formantenbänder im Frequenzbereich von 0-10.000Hz hin (data not shown).

Trotz einer guten Simulationspräzision war bei allen „SpR-Spektren ohne parallele Tonerzeugung" der vier Tenorsaxophonspieler der Verlauf der dB-Intensität im Bereich von 40-150Hz nicht ausreichend gut durch simulierte Formantenbänder abbildbar, sodass ein weiterer Prozess angenommen werden muss, der für diesen Effekt verantwortlich ist. Durch die Annahme eines Basisrauschens (Basis-SpR), welches ein eher lineares Abklingverhalten mit steigender Frequenz zeigt, konnte dieser Effekt abgebildet und die Simulationspräzision bis auf >99% gesteigert werden (siehe Abbildung 6a-b). Auch wenn dies als starker Beleg für ein Basis-SpR gewertet werden muss, welches im Bereich von 40-110Hz ein Maximum erreicht und mit steigender Frequenz abnimmt, so kann nicht wirklich etwas darüber ausgesagt werden, welches Abklingverhalten das Basis-SpR zeigt. Die Linearität des Abklingens des Basis-SpR mit steigender Frequenz ist nur eine erste Näherung – die allerdings argumentativ gestützt wird durch die frequenzabhängigen Intensitätsspektren des SpR, welche parallel zur Tonerzeugung generiert werden (siehe Abbildung 7, 8), denn diese zeigen auf deutlich geringerem Intensitätsniveau einen eher linearen Abfall mit steigender Frequenz. Auf Basis dieser Befunde kann folgendes Modell für die Generierung eines SpR beim Tenorsaxophonspiel vorgeschlagen werden:

1) Bei dem Spielen erzeugt der Spieler durch den Luftstrom und den entsprechenden Lippendruck vordringlich ein periodisches Öffnen und Schließen der Mundstücköffnung durch das Reed (4), welches im Resultat den Grundton und die Obertöne generiert. Parallel erzeugt der Luftstrom aber auch ein Spielerrauschen, welches als Basis-SpR bzw. als „reines Luftstromrauschen" verstanden werden kann und vom Spieler nicht verhindert bzw. nicht willkürlich beeinflusst werden kann.
2) Somit wird immer ein Teil des Luftstroms ein Basis-SpR erzeugen, welches unwillkürlich und zwingend auftritt.
3) Durch entsprechende Reduktion des Lippendrucks auf das Reed und durch eine entsprechende Formung des Mund-Rachenraums kann der Spieler den Anteil der Luftstromenergie, die zur Schwingung des Reeds führt, reduzieren. Gleichzeitig erhöht sich der Anteil des Luftstroms, der zur Generierung des SpR führt. Damit nimmt mit abnehmender Tonintensität (Grundton und Obertöne), bedingt durch einen geringeren Lippendruck, die SpR-Intensität zu, bis hin zum völligen Verschwinden eines Tonsignals und einem maximalen Rauschensignal (SpR ohne Ton).
4) Das Rauschensignal, welches der Spieler zusätzlich zum Basis-SpR entsprechend Punkt 3 generiert, wird im Gegensatz zum Basis-SpR wesentlich durch die individuellen Spieler-Formanten (2; 3; 5) geprägt. So ergibt sich ein frequenzabhängiges Intensitätsspektrum für ein SpR ohne Tonerzeugung, welches aus einem Basis-SpR und einem durch Formanten geprägten SpR (Formanten-SpR) zusammengesetzt ist.
5) Das Modell beschreibt somit zwei Maximalzustände der Ton- und Rauschenerzeugung (a; b) sowie variable Zustände, die zwischen den Maxima liegen (c):
   a. Der Spieler kann einen maximalen Teil der Luftstromenergie zur Reedschwingung einsetzen – damit wird die Intensität des Grundtons und der Obertöne maximiert und es bleibt als Rauschenanteil nur das Basis-SpR
   b. Der Spieler setzt alle Luftstromenergie zur Erzeugung des SpR ein, sodass das SpR-Spektrum sich aus dem Basis-SpR und dem Formanten-SpR zusammensetzt.
   c. Der Spieler variiert den Anteil des Luftstroms, den er zur Tonerzeugung einsetzt, und erzeugt damit neben dem Basis-SpR ein Formanten-SpR mit variabler Ausprägung.

Entsprechend des Modells müsste ein professioneller Tenorsaxophonspieler somit in der Lage sein, einen Ton mit unterschiedlichem Anteil an Formanten-SpR zu generieren. Diesbezüglich können die gemessenen SpR-Spektren der tiefen Töne (tief-D, tief-E, tief-Fis), gespielt im Sub-und Kernton, betrachtet werden (siehe beispielhaft Abbildung 8). Werden die SpR-Spektren der gespielten Subtöne mit den SpR-Spektren der entsprechenden Kerntöne verglichen, so fallen zwei Effekte auf:

(i)   Die SpR-Werte der Subtöne sind gegenüber den SpR-Werten der Kerntöne bei steigender Frequenz zu höheren Intensitäten hin verschoben (während die Intensitäten der Obertöne den gegenläufigen Effekt zeigen) (siehe Abbildung 8; andere Daten - not shown)

(ii)   Die SpR-Spektren der Subtöne ähneln in ihrem Verlauf in weiten Bereichen dem Verlauf der frequenzabhängigen Intensitätsspektren der Töne, während die SpR-Spektren der Kerntöne einen eher linearen Abfall mit steigender Frequenz zeigen.

Diese zwei Effekte können durch obiges Modell in guter Weise beschrieben bzw. erklärt werden.

Bei zwei Spielern war beim Subton des tiefen-D die Ausprägung eines „Kuppelrauschens" mit einem Intensitätsmaximum im Bereich von 3.000Hz zu beobachten – dieser Effekt kann mit obigem Modell nicht einfach erklärt werden. Vielmehr wurde deutlich, dass diese zwei Spieler bei der Generierung des tief-D Subtons gegenüber dem Kernton eine Verminderung des SpR im Bereich von 1.000Hz vornehmen und gleichermaßen im Bereich von 3.000Hz ein übermäßiges Rauschen erzeugen. Dieser gegenläufige Effekt könnte verstanden werden als „Beeinflußung von Formamtenbändern bzw. zugrundeliegender Resonatoren in diesen Frequenzbereichen" durch den Spieler. Kalkuliert man die entsprechenden Resonatorlängen gemäß der Formel: $F=c/2L$ (4), so ergeben sich Werte von 17,1 cm (bei 1.000Hz) und 5,7 cm (bei 3.000Hz). Damit könnten diese Formanten zumindest zum Teil im Mund-Rachenraum des Spielers lokalisiert sein (5). Eine gegenläufige Modulation dieser Formanten, durch eine entsprechende Formung des Mund-Rachenraums durch den Spieler, ist als Ursache für den beobachteten Effekt denkbar. Das Faktum, dass dieses Phänomen des „Kuppelrauschens" nur bei zwei von vier professionellen Tenorsaxophonspielern dieser Studie wirklich ausgeprägt war und in diesen Fällen auch nur deutlich beim tiefen-D auftrat (Anmerkung: bei tief-E fiel das Kuppelrauschen (Kuppel-SpR) deutlich geringer aus, bei tief-Fis war es nur schwach erkennbar - data not shown), ist als Hinweis darauf zu werten, dass die entsprechenden Resonatoren bzw. Formantenbänder nur dann angesprochen werden bzw. die entsprechende Formung des Mund-Rachenraumes nur dann erfolgt, wenn der Spieler die Absicht hat, tiefe Töne zu erzeugen. In jedem Fall muss die Ausprägung des Kuppel-SpR als willkürliche und gezielte Aktion des Tenorsaxophonspielers bewertet werden, der damit den Sound besonders bei tiefen Tönen – ähnlich wie ein professioneller Sprecher oder Sänger (5, 8) - aktiv und gezielt beeinflusst. Somit könnte das Kuppel-SpR als eine spezifische Ausprägung des Formanten-SpR verstanden werden und es wäre durchaus möglich oder zu erwarten, dass weitere Ausprägungen des Formanten-SpR von Spielern generiert werden, wenn diese gezielt die Ausprägung von Formantenbändern modulieren.

Generell ist bei allen vier Tenorsaxophonspielern dieser Studie zu beobachten, dass der Anteil des SpR an der Gesamtintensität des erzeugten Klanges, bestehend aus Grund- & Obertönen und dem Rauschenanteil (SpR), bei tiefen Tönen deutlich höher ist als bei Tönen höherer Grundfrequenz. Dies wird eindrücklich in den Verhältnisspektren von „Ton-Intensität ohne SpR" vs. "SpR-Intensität" sichtbar (siehe Abbildung 12a-d). Besonders Im Frequenzbereich >1.000Hz treten diese Unterschiede im entsprechenden Verhältnis von Ton-und SpR-Intensität bei allen vier Tenorsaxophonspielern deutlich zutage, sodass man davon ausgehen kann, dass (i) der Sound der Töne sich bei steigender Grundfrequenz sukzessive verändert bzw. der SpR-Anteil kontinuierlich mit steigender Frequenz des Grundtons abnimmt und so der Klang mehr und mehr von den Obertönen und weniger vom SpR beeinflusst wird und (ii) dieser Trend eher eine unwillkürliche Folge der Tongenerierung von Tönen höherer Grundfrequenz ist, da der Spieler seine Lippenspannung und auch die Formung des Mund-Rachenraums, wenn auch sehr gering, so doch merklich ändert, um die Töne höherer Frequenz entsprechend präzise (Intonation) zu erzeugen.

Damit kann man die Aussage treffen, dass sich bei einem professionellen Saxophonspieler der „Sound des einzelnen Tons" über einen größeren Frequenzbereich (von tiefen zu hohen Tönen bzw. umgekehrt) aufgrund der Verschiebung des Verhältnisses von Ton-Intensität vs. SpR-Intensität verändert. Dadurch, dass dieser Effekt bei jedem Saxophonspieler individuell ausgeprägt ist bzw. sich in Art und Umfang der Ausprägung unterschiedlich darstellt, ist diese „Veränderung des Tonsounds mit zunehmender Frequenz des Grundtons" wiederum als „individuelle Komponente des Gesamtsounds des Tenorsaxophonspielers" zu verstehen, die zu seinem typischen und unverwechselbaren Sound beiträgt.

Die Daten dieser Studie liefern Belege dafür, dass das SpR von professionellen Tenorsaxophonspielern gezielt und willkürlich generiert und moduliert werden kann, um den Sound zu beeinflussen bzw. den von ihnen angestrebten Sound zu erreichen. Dabei konnten bis zu drei SpR-Arten identifiziert werden (Basis-SpR, Formanten-SpR und Kuppel-SpR), wovon zwei Arten im Wesentlichen durch den Spieler kontrolliert und moduliert werden können (Formanten-SpR und Kuppel-SpR). Das Kuppel-SpR kann allerdings auch als spezifische Ausprägung des Formanten-SpR verstanden werden, bei dem der Spieler einzelne Formanten bzgl. deren Ausprägung moduliert.

Der Befund, dass gerade bei tiefen Tönen das SpR einen erheblichen Anteil der Gesamt-Intensität des Klangs (Summe aus Grundton, Obertönen und SpR) ausmacht, muss als starkes Indiz dafür gewertet werden, dass das SpR eine wesentliche Komponente der Soundgenerierung darstellt und professionelle Tenorsaxophonspieler die Fähigkeit besitzen, in erheblichem Maße das SpR zu kontrollieren und zu modulieren und dies für die Generierung „ihres Sound" zu nutzen.

Danksagung:

Besonderer Dank gilt Denis Gaebel, Tony Lakatos, Claudius Valk und Steffen Weber, die trotz eines engen Terminplans durch ihre Unterstützung und Bereitschaft zu entsprechenden Tonaufnahmen diese Studie erst möglich gemacht haben.

References

1) A. Rehm; L. Rehm; „Schallwellenanalyse des Sounds professioneller TenorsaxophonspielerInnen. Teil 1: Akustische Komponenten der Schallwelle, die vom Spieler generiert und reguliert werden und den Sound beeinflussen"; ISBN: 9783668712768 Deutsche Nationalbibliothek; http://dnb.d-nb.de

2) A. Rehm; „Schallwellenanalyse des Sounds professioneller TenorsaxophonspielerInnen. Teil 2: Methodik zur Bestimmung und Analyse von Formantenspektren und Formantenbändern aus mittels Fourieranalyse errechneten frequenzabhängigen Intensitätsspektren"; ISBN: 9783668777590; Deutsche Nationalbibliothek; http://dnb.d-nb.de

3) Li, W., Chen, J-M., Smith, J. and Wolfe, J. "Effect of vocal tract resonances on the sound spectrum of the saxophone" ACTA ACUSTICA UNITED WITH ACUSTICA, 101, 270-278 (2015) DOI 10.3813/AAA.918825

4) J. Kergomard et al.; TECNIACUSTICA 2013; pp.1209-1216, Valladolid; Spain; <hal-01309204>

5) A. Rehm; „Schallwellenanalyse des Sounds professioneller TenorsaxophonspielerInnen. Teil 3: Vergleichende Analyse von Formanten gesprochener Vokale und Tenorsaxophontönen zur Bestimmung der Herkunft bzw. des Generierungsortes der Formantenbänder des Tenorsaxophonspiels im Frequenzbereich von 0-10.000Hz"; ISBN: 9783668815902; Deutsche Nationalbibliothek; http://dnb.d-nb.de

6) http://www.analogeklangsynthese.de/analog/noise.html

7) A. Piotrowski; V. Nordmeier; H.J. Schlichting; „Musikalisches Rauschen"; in Didaktik der Physik, Vorträge der Frühjahrstagung Hamburg (1994) Hrsg. J. Bruhns; S. 355-360; ISBN 3-923835-14-0

8) E. Schubert, J. Wolfe; "Voicelikeness of musical instruments: A literature review of acoustical, psychological and expressiveness perspectives"; Musicae Scientiae 1-15 2016; DOI: 10.1177/10298649/663/393

9) Österreichische Akademie der Wissenschaften; Institut für Schallforschung; http://www.kfs.oeaw.ac.at

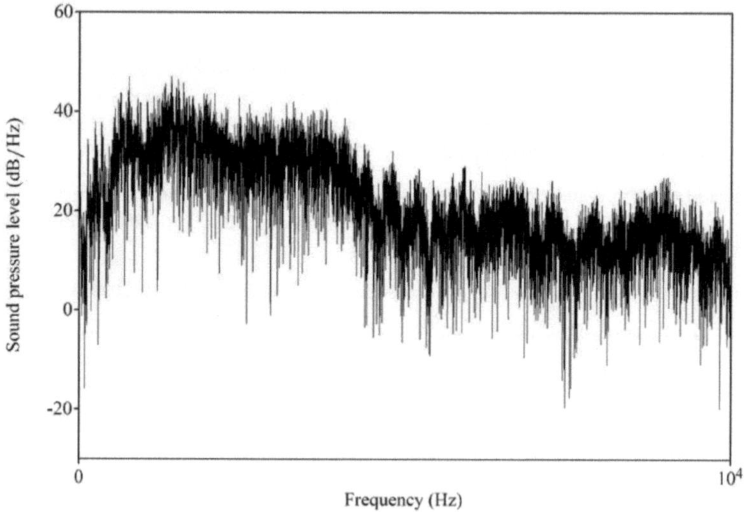

Abbildung 1a: Frequenzabhängiges Intensitätsspektrum (nach Praat) des erzeugten Rauschens mit Griff für tiefes-D und Vorgabe, nur Rauschen und keinen Ton zu erzeugen (Spieler: T. Lakatos)

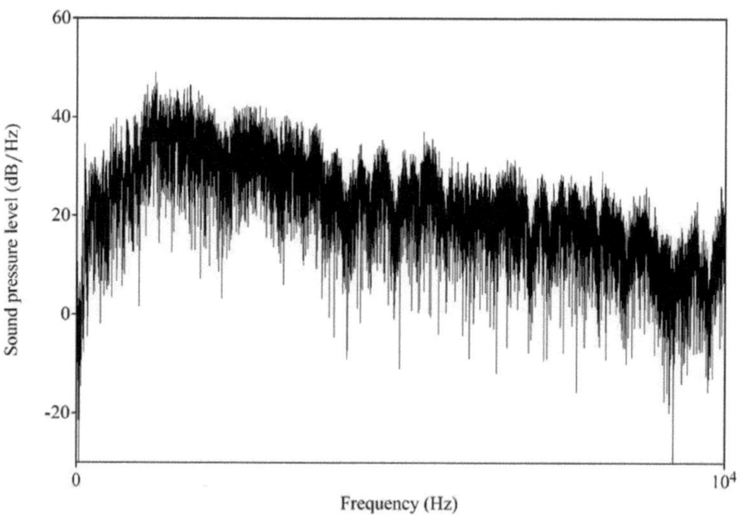

Abbildung 1b: Frequenzabhängiges Intensitätsspektrum (nach Praat) des erzeugten Rauschens mit Griff für tiefes-D und Vorgabe, nur Rauschen und keinen Ton zu erzeugen (Spieler: D. Gaebel).

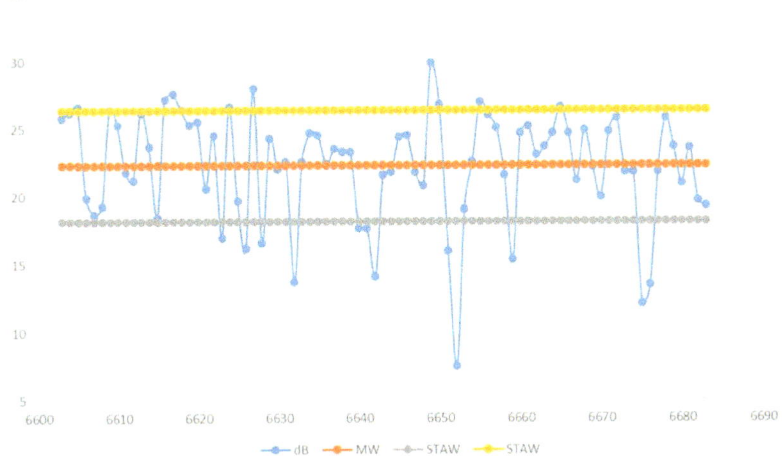

Abbildung 2: Ausschnitt aus einem frequenzabhängigen Intensitätsspektrum (dB) des Rauschens mit gegriffenem tief-E (Messpunktdifferenz: 1Hz) sowie dargestelltem Mittelwert (MW) und der Bereiche der Standardabweichung (STAW)/ Spieler: D. Gaebel (Ordinate: dB / Abszisse: Hz).

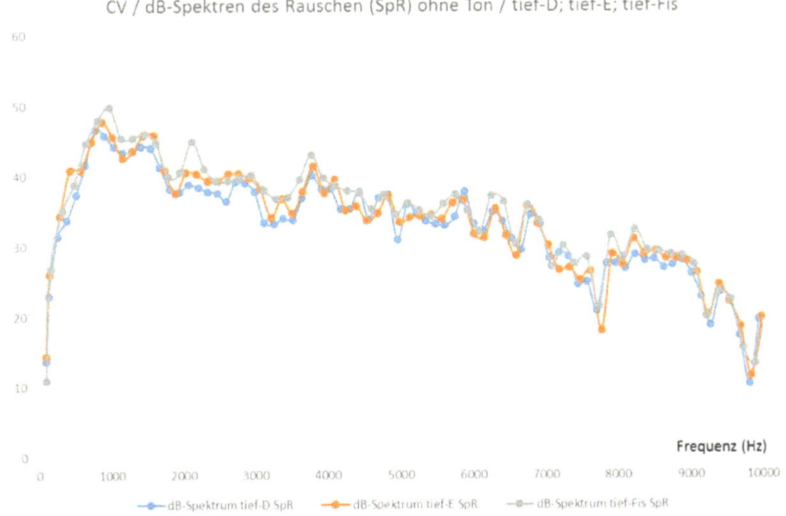

Abbildung 3a: Frequenzabhängige Intensitätsspektren des Spielerrauschens (SpR) ohne Ton bei gegriffenem tief-D, tief-E und tief-Fis / Spieler: C. Valk (Ordinate: dB / Abszisse: Hz).

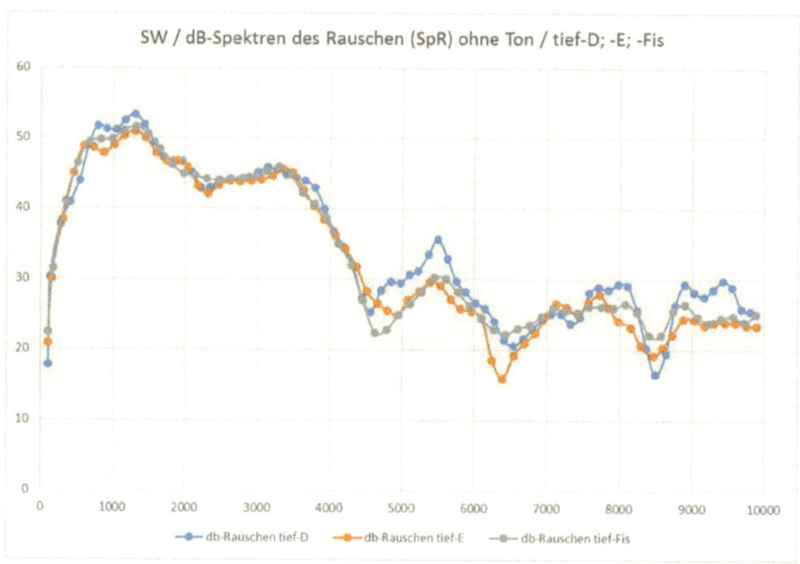

Abbildung 3b: Frequenzabhängige Intensitätsspektren des Spielerrauschens (SpR) ohne Ton bei gegriffenem tief-D, tief-E und tief-Fis / Spieler: S. Weber (Ordinate: dB / Abszisse: Hz).

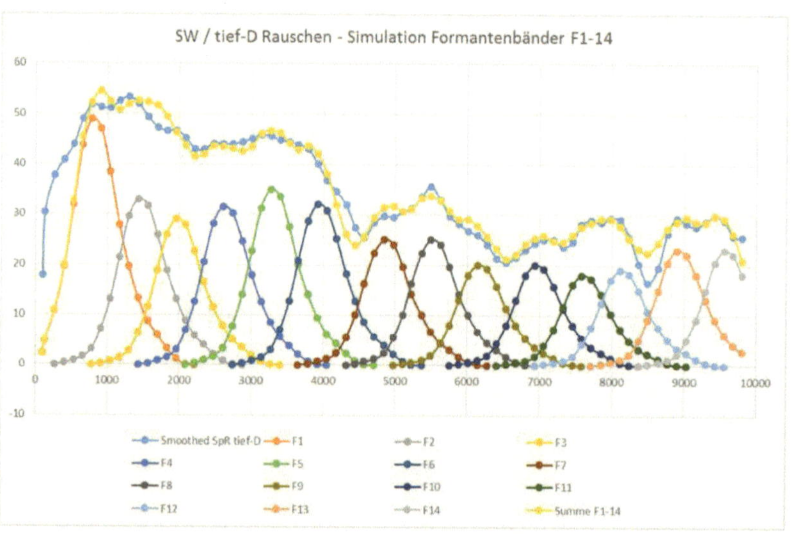

Abbildung 4a: Simulation des frequenzabhängigen Rauschenspektrums mit gegriffenem tief-D durch 14 Formantenbänder – Spieler: S. Weber (Ordinate: dB / Abszisse: Hz).

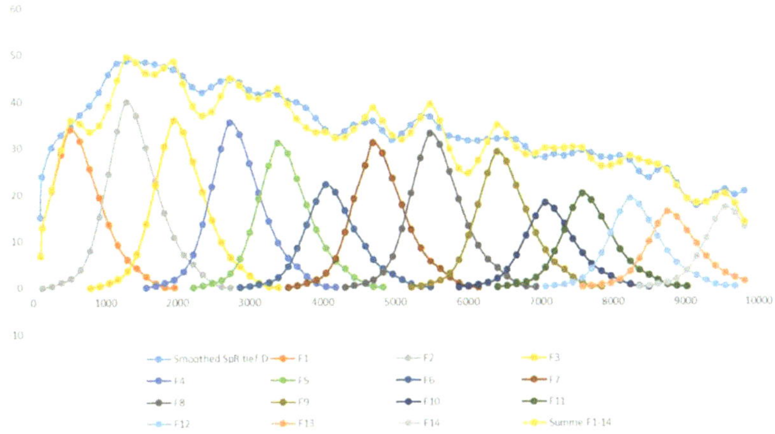

Abbildung 4b: Simulation des frequenzabhängigen Rauschenspektrums mit gegriffenem tief-D durch 14 Formantenbänder – Spieler: D. Gaebel (Ordinate: dB / Abszisse: Hz).

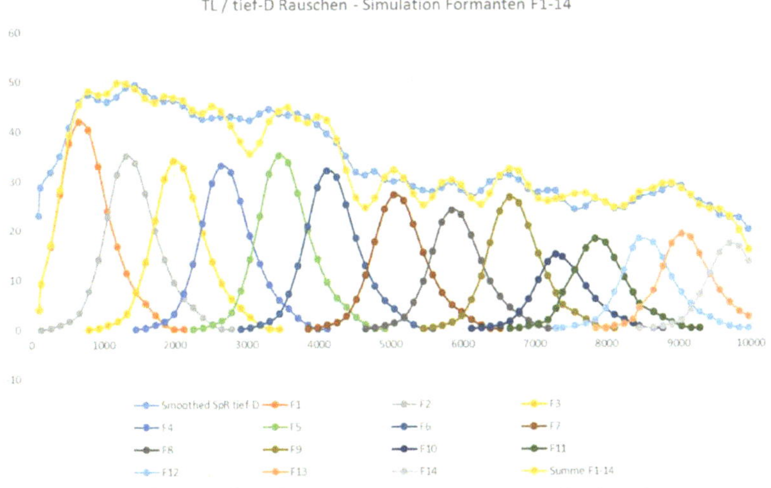

Abbildung 4c: Simulation des frequenzabhängigen Rauschenspektrums mit gegriffenem tief-D durch 14 Formantenbänder – Spieler: T. Lakatos (Ordinate: dB / Abszisse: Hz).

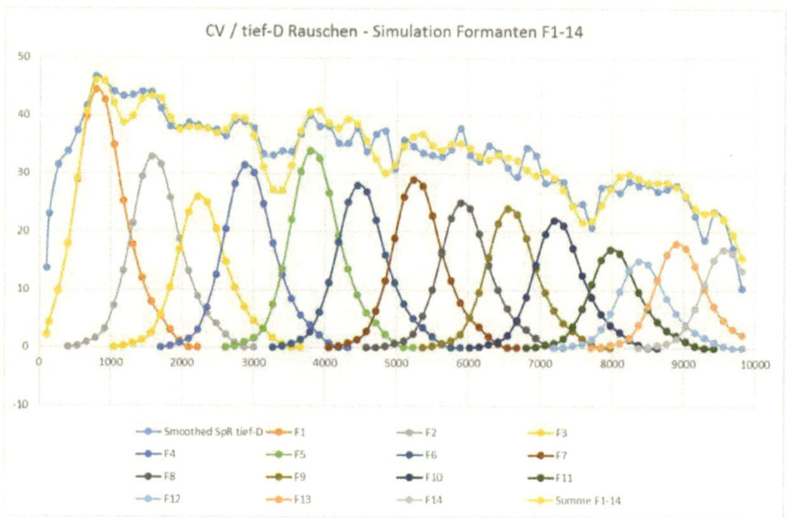

Abbildung 4d: Simulation des frequenzabhängigen Rauschenspektrums mit gegriffenem tief-D durch 14 Formantenbänder – Spieler: C. Valk (Ordinate: dB / Abszisse: Hz).

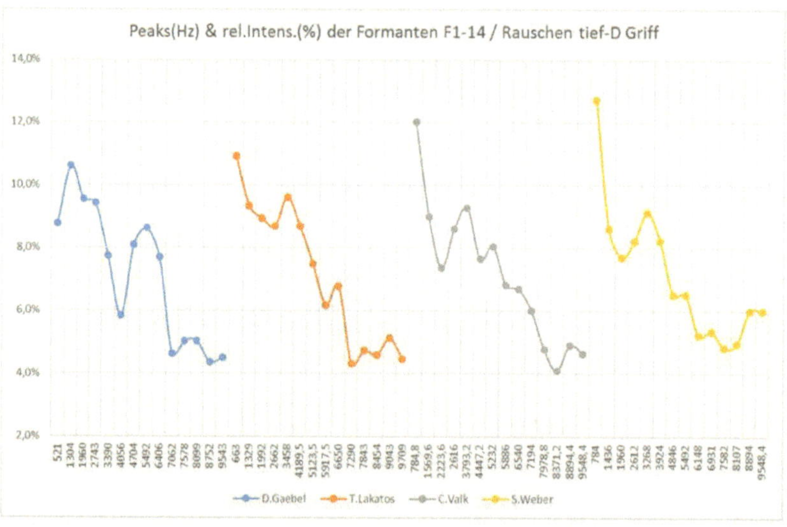

Abbildung 5: Darstellung der Peakpositionen (Abszisse: Hz) und der relativen Intensitäten (Ordinate: %) der 14 simulierten Formantenbänder der 4 Tenorsaxophonspieler aus Abb. 4a-d.

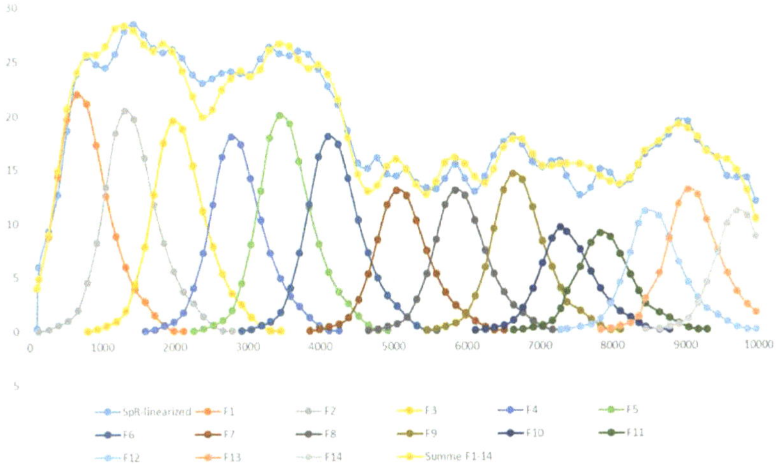

Abbildung 6a: Simulation des frequenzabhängigen Rauschenspektrums (gegriffenes tief-D) bereinigt um ein lineares Basisrauschen („SpR linearized"; Erläuterung siehe Ergebnisse) durch 14 Formantenbänder – Spieler: T. Lakatos (Ordinate: dB / Abszisse: Hz).

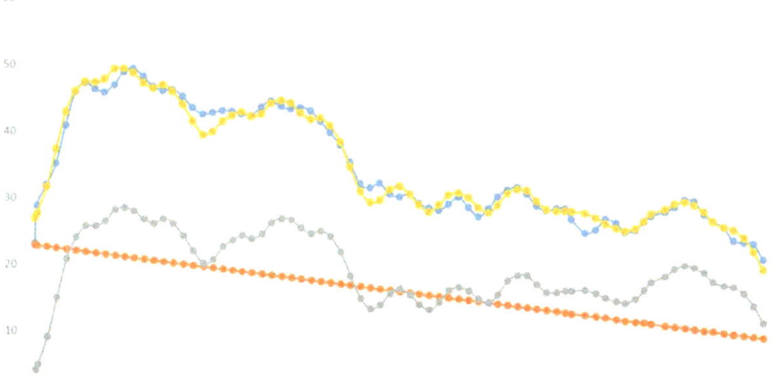

Abbildung 6b: Simulation des frequenzabhängigen Rauschenspektrums (bei gegriffenem tief-D) aus linearem Basisrauschen (= „lin. Basis-SpR") und dem simulierten „SpR linearized" aus Abbildung 6a (Erläuterung siehe Ergebnisse) – Spieler: T. Lakatos (Ordinate: dB / Abszisse: Hz).

Formanten	SpR-Spekt. Abb. 4c		SpR-Spekt. Abb. 6a	
	Peak Hz	rel Int. (%)	Peak Hz	rel Int. (%)
F1	663	11,2%	663	10,4%
F2	1329	9,3%	1329	9,7%
F3	1992	9,1%	1992	9,2%
F4	2662	8,8%	2796	8,5%
F5	3458	9,3%	3458	9,4%
F6	4121	8,5%	4121	8,5%
F7	5055	7,2%	5055	6,1%
F8	5851	6,4%	5851	6,1%
F9	6650	7,1%	6650	6,8%
F10	7290	4,0%	7290	4,5%
F11	7843	4,8%	7843	4,2%
F12	8454	4,8%	8454	5,2%
F13	9043	5,1%	9043	6,1%
F14	9709	4,5%	9709	5,2%

Tabelle 1: Auflistung der Peaks sowie der relativen Intensität der simulierten Formantenbänder zu dem Rauschenspektrum bei gegriffenem tief-D (SpR-Spekt. Abb. 4c) und dem gleichen, aber um das lineare Basisrauschen bereinigten Rauschenspektrum (SpR-Spekt. Abb. 6a) – Spieler: T. Lakatos

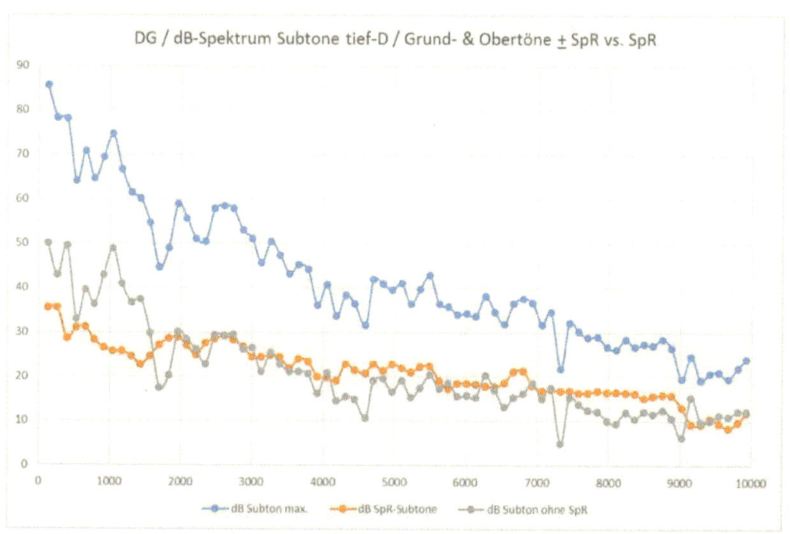

Abbildung 7: Vermessenes Spektrum des Subtons tief-D mit dB-Werten für die Intensitätsmaxima bei dem Grundton und den Obertönen (dB-Subton max.) für das SpR bei diesen Frequenzen (dB SpR Subton) und für das reine Tonsignal ohne SpR (dB Subton ohne SpR); Spieler: D. Gaebel (Ordinate: dB; Abszisse: Hz).

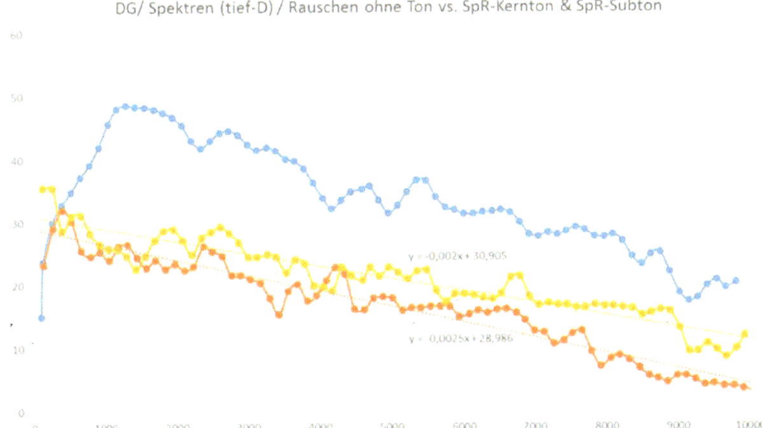

Abbildung 8: Vermessene Intensitätsspektren des „reinen Rauschens ohne Ton" bei gegriffenem tief-D (=Rauschen ohne Ton), des SpR bei gespieltem tief-D als Kernton (=SpR tief-D Kernton) und des SpR bei gespieltem tief-D als Subton (=SpR tief-D Subton – siehe auch Abb. 7) sowie lineare Regressionsgeraden für SpR Kern- und SpR Subton; Spieler: D. Gaebel (Ordinate: dB; Abszisse: Hz).

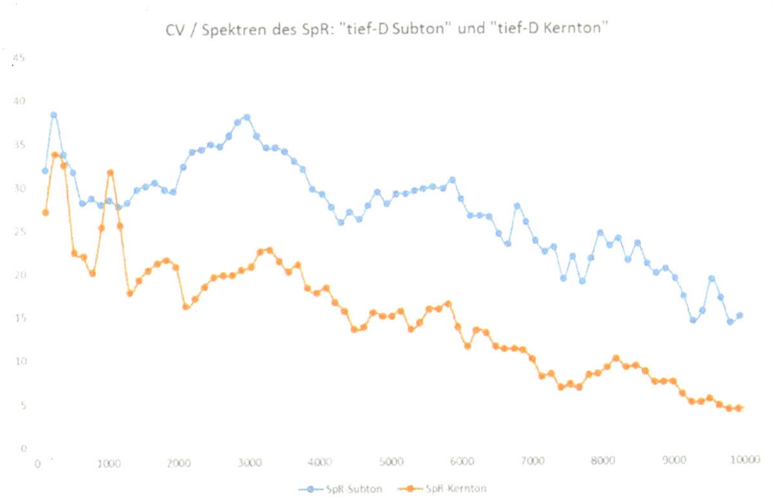

Abbildung 9a: Frequenzabhängige Intensitätsspektren des SpR bei gespieltem tief-D Subton (SpR Subton) und tief-D als Kernton gespielt (SpR Kernton); Spieler: C. Valk (Ordinate: dB; Abszisse: Hz).

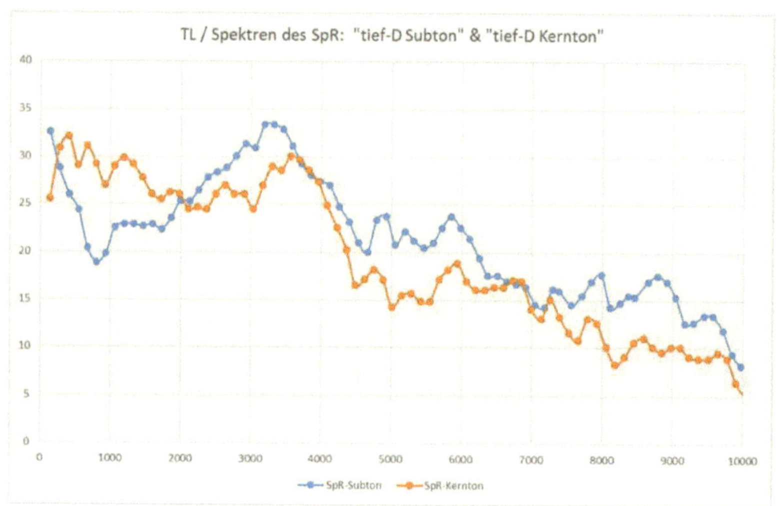

Abbildung 9b: Frequenzabhängige Intensitätsspektren des SpR bei gespieltem tief-D Subton (SpR Subton) und tief-D als Kernton gespielt (SpR Kernton); Spieler: T. Lakatos (Ordinate: dB; Abszisse: Hz).

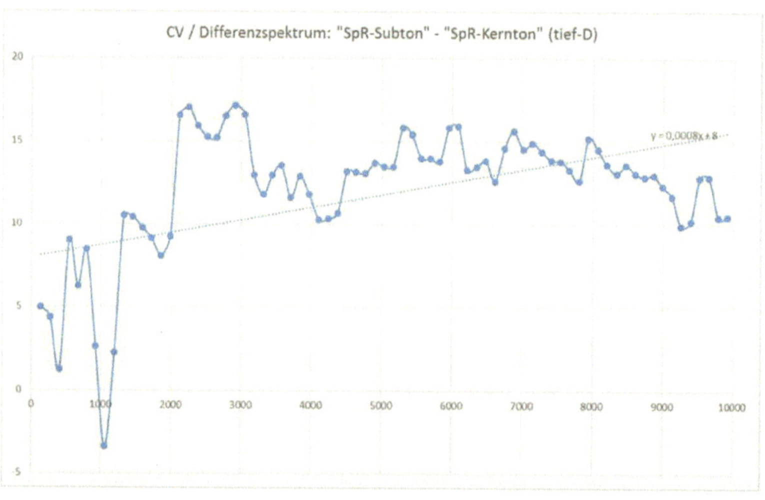

Abbildung 10a: Differenzspektrum des SpR beim tiefen-D gespielt als Subton und des SpR bei tiefem-D als Kernton gespielt (aus Abb. 9a); Spieler: C. Valk (Ordinate: dB; Abszisse: Hz).

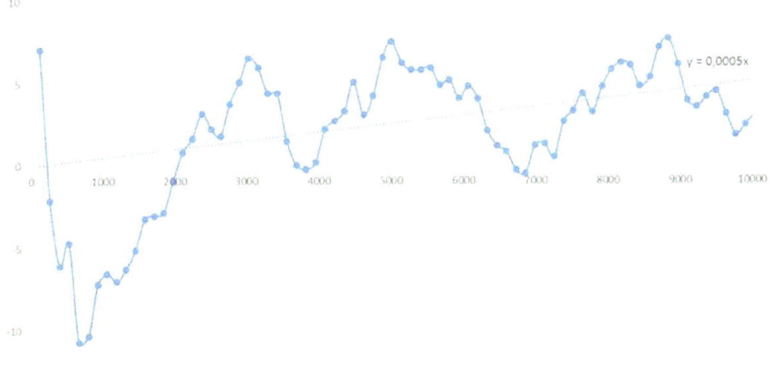

Abbildung 10b: Differenzspektrum des SpR beim tiefen-D gespielt als Subton und des SpR bei tiefem-D als Kernton gespielt (aus Abb. 9b); Spieler: T. Lakatos (Ordinate: dB; Abszisse: Hz).

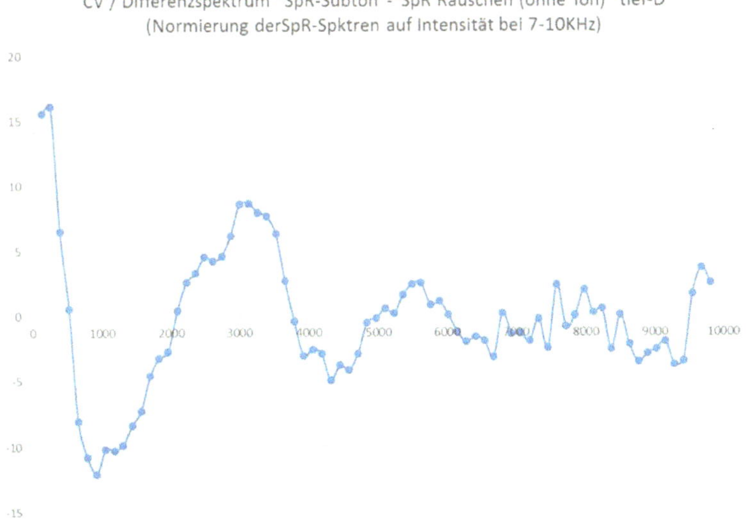

Abbildung 11a: Differenzspektrum des „SpR tief-D Subton" und des „Rauschens ohne Ton" bei gegriffenem tief-D. Beide Spektren wurden vor der Differenzbildung auf eine gleiche Rauschenintensität im Bereich von 7.000-10.000Hz normiert. Spieler: C. Valk (Ordinate: dB; Abszisse: Hz).

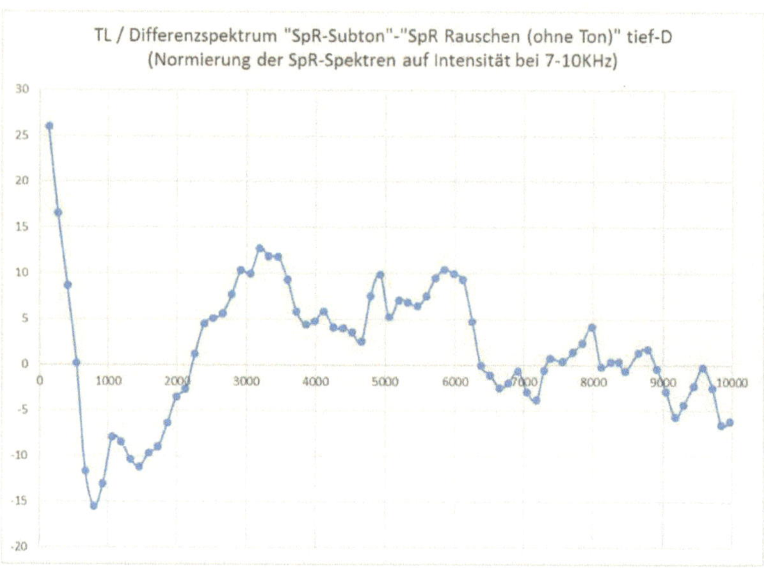

Abbildung 11b: Differenzspektrum des „SpR tief-D Subton" und des „Rauschens ohne Ton" bei gegriffenem tief-D. Beide Spektren wurden vor der Differenzbildung auf eine gleiche Rauschenintensität im Bereich von 7.000-10.000Hz normiert. Spieler: T. Lakatos (Ordinate: dB; Abszisse: Hz).

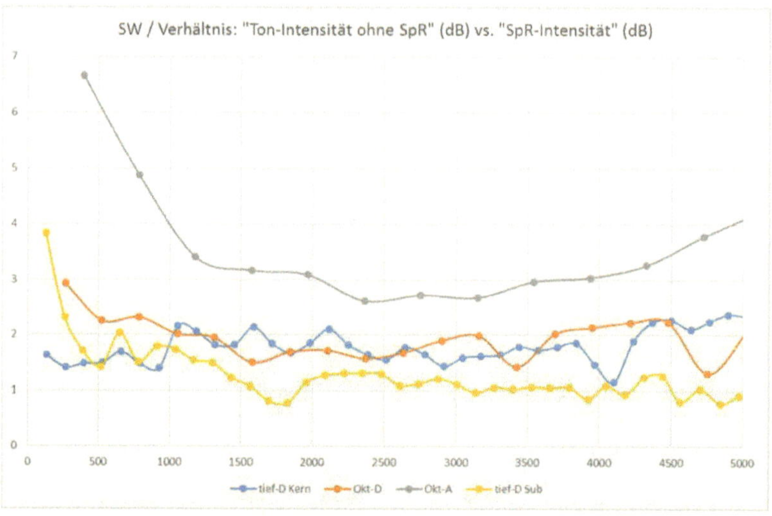

Abbildung 12a: Verhältniswerte von „Tonintensität ohne SpR" vs. „SpR-Intensität" bei Frequenzen des Grundtons (erster Punkt einer Linie) und der Obertöne für 4 gespielte Töne: tief-D als Kernton; Okat-D; Okatv-A und tief-D als Subton gespielt; Spieler: S. Weber (Abszisse: Hz)

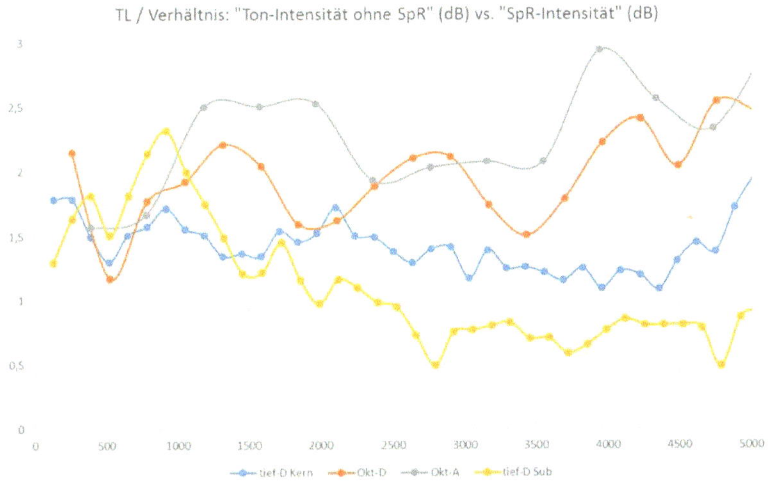

Abbildung 12b: Verhältniswerte von „Tonintensität ohne SpR" vs. „SpR-Intensität" bei Frequenzen des Grundtons (erster Punkt einer Linie) und der Obertöne für 4 gespielte Töne: tief-D als Kernton; Okat-D; Okatv-A und tief-D als Subton gespielt; Spieler: T. Lakatos (Abszisse: Hz)

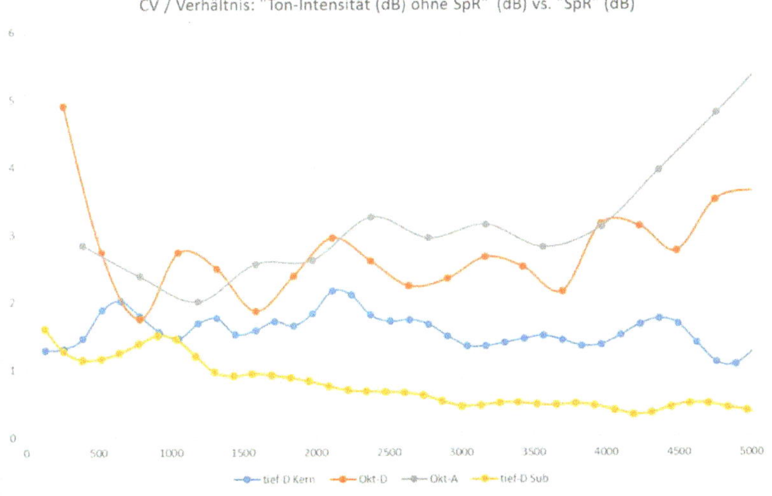

Abbildung 12c: Verhältniswerte von „Tonintensität ohne SpR" vs. „SpR-Intensität" bei Frequenzen des Grundtons (erster Punkt einer Linie) und der Obertöne für 4 gespielte Töne: tief-D als Kernton; Okat-D; Okatv-A und tief-D als Subton gespielt; Spieler: C. Valk (Abszisse: Hz)

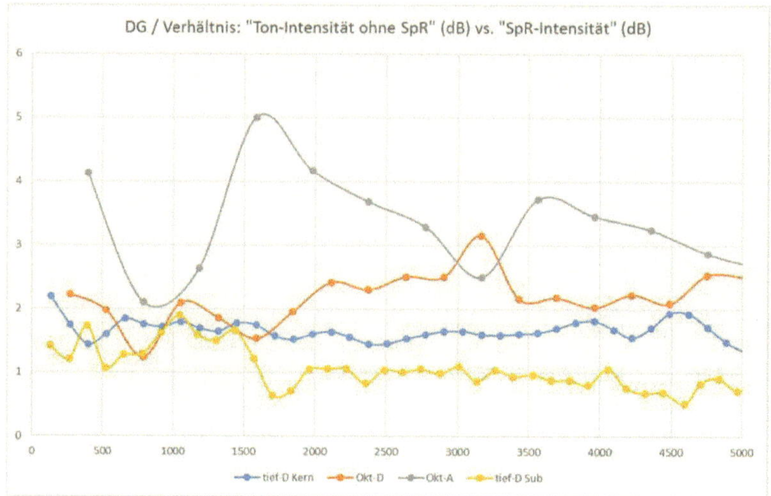

Abbildung 12 d: Verhältniswerte von „Tonintensität ohne SpR" vs. „SpR-Intensität" bei Frequenzen des Grundtons (erster Punkt einer Linie) und der Obertöne für 4 gespielte Töne: tief-D als Kernton; Okat-D; Okatv-A und tief-D als Subton gespielt; Spieler: D. Gaebel (Abszisse: Hz)

BEI GRIN MACHT SICH IHR WISSEN BEZAHLT

- Wir veröffentlichen Ihre Hausarbeit, Bachelor- und Masterarbeit

- Ihr eigenes eBook und Buch - weltweit in allen wichtigen Shops

- Verdienen Sie an jedem Verkauf

Jetzt bei www.GRIN.com hochladen und kostenlos publizieren